高等职业教育建筑电气工程技术专业
教育标准和培养方案
及主干课程教学大纲

全国高职高专教育土建类专业教学指导委员会
建筑设备类专业指导分委员会　编制

U0249329

中国建筑工业出版社

图书在版编目(CIP)数据

高等职业教育建筑电气工程技术专业教育标准和培养方案及
主干课程教学大纲/全国高职高专教育土建类专业教学指导委员
会建筑设备类专业指导分委员会编制.—北京:中国建筑工业出
版社,2004
ISBN 7-112-06903-3

Ⅰ.高… Ⅱ.全… Ⅲ.房屋建筑设备:电气设备—建筑安装
工程—专业—高等学校:技术学校—教学参考资料 Ⅳ.TU85

中国版本图书馆 CIP 数据核字(2004)第 104269 号

责任编辑:齐庆梅
责任设计:刘向阳
责任校对:张　虹

高等职业教育建筑电气工程技术专业
教育标准和培养方案
及主干课程教学大纲
全国高职高专教育土建类专业教学指导委员会
建筑设备类专业指导分委员会　编制

*

中国建筑工业出版社出版、发行（北京西郊百万庄）
新 华 书 店 经 销
北京市兴顺印刷厂印刷

*

开本:787×1092 毫米　1/16　印张:4½　字数:106 千字
2004 年 11 月第一版　2004 年 11 月第一次印刷
印数:1—1,500 册　定价:**14.00** 元
——————————————————
ISBN 7 - 112 - 06903 - 3
TU·6149　(12857)

版权所有　翻印必究
如有印装质量问题，可寄本社退换
（邮政编码　100037）

本社网址:http://www.china-abp.com.cn
网上书店:http://www.china-building.com.cn

出 版 说 明

　　全国高职高专教育土建类专业教学指导委员会是建设部受教育部委托（教高厅函〔2004〕5号），并由建设部聘任和管理的专家机构（建人教函〔2004〕169号）。该机构下设建筑类、土建施工类、建筑设备类、工程管理类、市政工程类等五个专业指导分委员会。委员会的主要职责是研究土建类高等职业教育的人才培养，提出专业设置的指导性意见，制订相应专业的教育标准、培养方案和主干课程教学大纲，指导全国高职高专土建类专业教育办学，提高专业教育质量，促进土建类专业教育更好地适应国家建设事业发展的需要。各专业类指导分委员会在深入企业调查研究，总结各院校实际办学经验，反复论证基础上，相继完成高等职业教育土建类各专业教育标准、培养方案及主干课程教学大纲（按教育部颁发的〈全国高职高专指导性专业目录〉），经报建设部同意，现予以颁布，请各校认真研究，结合实际，参照执行。

　　当前，我国经济建设正处于快速发展阶段，随着我国工业化进入新的阶段，世界制造业加速向我国的转移，城镇化进程和第三产业的快速发展，尽快解决"三农"问题，都对人才类型、人才结构、人才市场提出新的要求，我国职业教育正面临一个前所未有的发展机遇。作为占2003年社会固定资产投资总额39.66%的建设事业，随着建筑业、城市建设、建筑装饰、房地产业、建筑智能化、国际建筑市场等，不论是规模扩大，还是新兴行业，还是建筑科技的进步，在这改革与发展时期，都急需大批"银（灰）领"人才。

　　高等职业教育在我国教育领域是一种全新的教育形态，对高等职业教育的定位和培养模式都还在摸索与认识中。坚持以服务为宗旨，以就业为导向，已逐步成为社会的共识，成为职业教育工作者的共识。为使我国土建类高等职业教育健康发展，我们认为，土建类高等职业教育应是培养"懂技术、会施工、能管理"的生产一线技术人员和管理人员，以及高技能操作人员。学生的知识、能力和素质必须满足施工现场相应的技术、管理及操作岗位的基本要求，高等职业教育的特点应是实现教育与岗位的"零距离"接口，毕业即能就业上岗。

　　各专业类指导分委员会通过对职业岗位的调查分析和论证，制定的高等职业教育土建类各专业的教育标准，在课程体系上突破了传统的学科体系，在理论上依照"必需、够用"的原则，建立理论知识与职业能力相互支撑、互相渗透和融合的新教学体系，在培养方式上依靠行业、企业，构筑校企合作的培养模式，加强实践性教学环节，着力于高等职业教育的职业能力培养。

　　基于我国的地域差别、各院校的办学基础条件与特点的不同，现颁布的高等职业教育土建类教育标准、培养方案和主干课程教学大纲是各专业的基本专业教育标准，望各院校结合本地需求及本校实际制订实施性教学计划，在实践中不断探索与总结新经验，及时反馈有关信息，以利再次修订时，使高等职业教育土建类各专业教育标准、培养方案及主干课程教学大纲更加科学和完善，更加符合建设事业改革和发展的实际，更加适应社会对高等职业教育人才的需要。

全国高职高专教育土建类专业教学指导委员会

2004 年 9 月 1 日

前　　言

自 20 世纪 90 年代中期以来,我国高等职业教育进入了大发展时期,院校数量和在校生规模年均递增速度都在 20% 以上。到目前为止,全国各类高职院校已有 1300 多所,在校生达 789 万人。高职教育与普通本科教育有很大的区别。经过这几年的发展,高职教育在办学规模、管理体制、培养目标等方面进行了很多有益的探索,初步形成了自己的一些特色,但在总体上还不适应形势发展的要求,应该不断地探索,不断地规范。其中制定高等职业教育专业教育标准和培养方案及主干课程教学大纲等指导性教学文件,是高等职业教育发展必备的基本条件。

随着建筑业的迅猛发展,建筑电气工程技术的应用前景也愈加广阔,构建新的人才培养模式和教学体系、制定切合我国建筑电气工程技术实际的教学改革方案,是当前高等职业教育建筑电气工程技术专业发展的客观要求。

高等职业教育建筑电气工程技术专业教育标准、培养方案的研究包括四个组成部分。

第一部分为建筑电气工程技术专业在高等职业教育发展中的背景分析。其主要内容有三个:一是以高科技为背景的产业结构变化给建筑电气工程技术专业带来的影响;二是市场经济给建筑电气工程技术专业发展带来新的空间;三是加入 WTO 提出的机遇与挑战。

第二部分为教育标准、培养方案研究的主要内容。包括三个方面:一个是建筑电气工程技术专业教育标准,主要研究专业培养目标、人才培养规格和专业设置等内容。二是研究建筑电气工程技术专业教学改革的总体框架,框架内容分为:专业建设,主要有构建新的课程体系和构建新的实训体系;课程建设,主要有新开发课程、整合课程和更新课程内容;教学基础工作建设。三是建筑电气工程技术专业培养方案的研究,在制定培养方案时,遵循以下原则:体现教育标准中培养目标、完善课程体系,用科学的课程体系保证人才培养满足培养规格要求、注重培养方案的可操作性、符合教育部对高职办学的基本要求。

第三部分为研究方法。包括两个方面:一是考察调研,通过考察调研,了解了建筑电气工程技术人员的基本状况,包括岗位分工、人员的学历层次、工作内容、建筑电气工程技术人员应具备的理论知识和基本技能、专业培养目标层次的确定等;通过考察调研,明确了建筑电气工程技术专业从业范围、工作岗位的需求状况等,掌握了人才需求市场对毕业生人才规格的要求,为制定培养方案提供了最基础的材料。二是分析论证,在考察调研的基础上,组织有关专家针对目前高职教学存在的问题进行了深刻的剖析,提出改革的思路和意见，确定改革整体框架，制定教育标准、培养方案，经过反复推敲论证后形成了研究成果。

第四部分为总结研究成果。包括四个方面：一是开发新课程，主要开发了综合布线与网络工程、消防技术、工程谈判技巧等三门课程；二是整合课程，主要整合了建筑供电与照明、电子技术、电机与拖动基础、可编程序控制器及应用四门课程；三是部分课程增加了新内容，主要是建筑电气施工技术和建筑电气控制技术两门课程；四是构建新的课程体系。

高等职业教育建筑电气工程技术专业教育标准、培养方案是高等职业教育建筑设备类专业指导分委员会全体电气组成员和有关专家通过广泛的调查研究，并经过充分的酝酿和讨论、反复研究后形成的研究成果。

高等职业教育建筑设备类专业指导分委员会一致认为，该教育标准、培养方案是对建筑电气工程技术专业培养标准的基本要求，是具有指导性的意见，其核心是要求各高职院校切实按照培养市场经济需要的建筑电气类应用性人才的要求进行专业建设，以进一步促进高等职业教育的发展。

全国高职高专教育土建类专业教学指导委员会
建筑设备类专业指导分委员会

主任委员　刘春泽

目　　录

建筑电气工程技术专业教育标准

一、培养目标

本专业培养与社会主义现代化建设要求相适应的德、智、体、美等全面发展，具有科学的世界观、价值观，掌握电气工程技术专业必需的文化基础与专业理论知识，具备建筑电气工程技术职业能力和创新意识的建筑电气工程施工一线的高等技术应用型专门人才。

二、人才培养规格

（一）毕业生应具备的知识和能力

1. 文化基础知识与能力

（1）语言文字方面

知识：掌握应用文写作知识；掌握一门外国语的基础知识。

能力：会撰写常用应用文；能用外语进行一般的日常交流；能借助字典查阅本专业外文资料。

（2）自然科学方面

知识：掌握高等数学基础知识；掌握建筑构造基本知识；掌握计算机的基本知识。

能力：能运用数学知识计算、分析电气工程工作中的一般问题，有一定的抽象思维能力；会操作计算机，熟练掌握 WORD、EXCEL 等办公软件，能用计算机完成各类文字处理、表格设计和数据处理等工作。

（3）人文与社会科学方面

知识：了解政治、哲学、法律基础等方面的基本知识；掌握公共关系的一般知识。

能力：能运用人文与社会科学的基本原理处理工作中的一般问题；能处理一般公共关系事务。

2. 专业知识与能力

（1）工程技术方面

知识：了解建筑构造与识图的基本知识；掌握电工基础及电子技术基础知识；了解一般建筑电气工程各主要分部分项工程的施工工艺、施工程序、质量标准；了解建筑电气工程主要设备的性能、系统组成、工作原理和施工工艺；掌握强弱电系统工程的初步设计、施工图预算、工程结算及智能化技术应用等方面的知识。

能力：能结合建筑工程施工现场的生产活动过程，从事建筑电气工程施工工作，组织工程施工，参与工程项目管理，完成建筑电气工程预结算工作。

（2）经营管理方面

知识：了解企业经营管理的原理；掌握建筑电气工程基础管理的一般内容、方法及工程招投标的基本知识；熟练掌握建筑电气工程施工组织设计的内容与编制方法。

能力：能编制施工组织设计文件；参与建筑企业基层组织经营管理和施工项目管理。

（3）实践技能方面

① 课程综合实训

知识：掌握电气设备安装工程的施工程序和施工方法；掌握供配电、电气照明、楼宇智能化系统的设计方法；掌握建筑电气工程预结算的编制程序和方法；掌握建筑电气工程投标报价文件的编制方法；掌握建筑电气工程量清单计价编制方法；掌握建筑电气工程施工组织设计的编制方法，熟练掌握CAD绘图软件的应用；掌握工程预算软件、电气设计软件的基本使用方法。

能力：能熟练应用计算机完成供配电、电气照明、楼宇智能化系统等专业课程的初步设计；能根据电气施工图纸组织和指导施工并进行后期电气系统及设备调试工作；能熟练编制建筑电气工程预结算、施工预算；能熟练编制工程量清单计价及投标报价；会编制施工组织设计文件；能熟练应用计算机完成文字、数据、表格等的处理工作。

② 认识实习

知识：了解建筑电气施工、建筑电气设备安装施工工艺及施工方法和程序；熟悉识读一般建筑工程平面图的有关知识；掌握建筑电气施工图的制图标准；熟练掌握建筑电气施工图的绘制和识读的基本方法。

能力：能熟练识读建筑电气施工图、建筑电气设备安装施工图；能识读一般建筑工程施工图，能熟练的根据建筑电气施工图计算工作量。

③ 毕业实习

知识：了解建筑电气实际工作中的各种管理制度和工作程序；掌握实际工程施工管理工作的具体方法；掌握电气设备的安装工艺和施工方法。

能力：能应用所学的知识解决建筑电气工程中的实际问题；能从事建筑电气工程施工和管理的具体工作。能胜任建筑电气施工、组织和管理以及预结算等工作岗位。

④ 建筑电气工程技术管理综合实践

知识：了解中小型电气工程照明、供电、消防、楼宇智能化系统的施工组织和施工方法；掌握在一项完整的单位工程基础上，编制工程量清单、电气工程预算与工程结算的程序和方法。

能力：具有能熟练编制一个单位工程的工程量清单计价、编制电气工程预结算的能力；具有熟练完成中小型建筑电气工程施工、组织和管理工作的能力。

⑤ 毕业设计

知识：了解建筑电气工程设计过程中的主要问题，掌握设计的基础知识。

能力：会调查研究、收集设计资料；学会分析和研究问题的方式方法；能撰写电气工程施工与管理方面的论文，具有施工图初步设计的能力。

（二）毕业生应具备的综合素质

1. 思想素质

树立科学的世界观、人生观，具有爱国主义和团结协作的精神，具备执着敬业的职业道德观。

2. 文化与社会基础素质

具有良好的语言表达能力和社交能力、一定的外语表达能力、熟练的计算机应用能力、健全的法律意识；具有继续学习的能力和适应职业岗位变化的能力；有一定的创新意识、创业精神和创业能力。

3．身体素质

具有健康的体魄、协调的运动技能、良好的心理素质。

4．专业素质

具有必备的电气工程技术知识、扎实的识图能力和工程量计算能力、熟练的施工组织和指导能力、电气工程初步设计能力；具有熟练的应用计算机进行绘图、编制建筑电气工程预结算以及进行工程投标报价和处理文件的能力。

（三）毕业生获取的职业资格证书

本专业毕业生能按国家有关规定考取造价员、施工员、质检员、安全员、材料员、电工上岗证书等职业资格证书。

三、专业设置条件

专业设置条件是在我国高等职业教育办学基准的基础上制定的，开设本专业应具备以下基本条件：

（一）师资条件

1．师资队伍

教师的人数应和学生规模相适应，其中：

专业理论教师不少于12人；

专业实训教师不少于2人；

具有高级以上职称的专业教师应占专业教师总数的30％，并不少于4人。80％以上的专业课应由专任教师担任；

兼职专业教师除应具有本科学历条件外，还应具备5年以上的实践年限。

2．任职资格、业务水平

专业教师应具有本科以上学历，其中研究生以上学历不应少于3人，专任教师平均具有8年以上的教龄。

施工技术、供电与照明、弱电技术等课程的教师应有高级以上职称的教师作为骨干教师或课程带头人，其中高级职称2人。

工程预算、施工组织管理、电气控制、消防技术、楼宇智能化技术、可编程控制等课程应有高级以上职称的教师作为骨干教师或课程带头人，其中高级职称2人。

专业教师中具有"双师型"素质的教师比例应大于50％。

专业理论课教师除能完成课堂理论教学外，还应具有指导毕业论文、编写讲义、教材和进行教学研究和科学研究的能力。

专业实践课教师应具有编写课程设计、毕业设计的任务书和指导书的能力。

除上述条件外，专业教师还必须达到教师法对高等职业教育专业教师任职资格的要求。

（二）图书资料

图书资料包括：专业书刊、法律法规、规范规程、教学文件、电化教学资料、教学应用资料等。

1. 专业书刊

有建筑电气工程应用技术方面的书籍 2000 册以上，且不少于 100 个版本。有建筑电气方面的各类专业期刊杂志(含报纸)10 种以上，其中外文期刊不少于 2 种。有一定数量且实用的电子读物，并经常更新与发展。

2. 电化及多媒体教学资料

有一定数量的教学光盘、多媒体教学课件、建筑电气工程预算、供电与照明、电气消防软件等资料，并能不断更新、充实内容和数量，年更新率在 20％以上。

3. 教学应用资料

有一定数量的国内外交流资料，有齐全的新版建设法律、法规文件资料；有专业及相关专业教学必备的教学图纸、标准图集、设计规范、施工验收规范、操作规程、预算定额等文字资料。

(三)教学设施

1. 有与建筑电气工程技术课程开设相适应的实验设备、专业设备和固定的实验室；实验室设备的配置应确保各课程教学大纲规定实验项目开出率为 100％。

2. 有能从事供电、照明、消防、可编程控制器及电气控制的独立实训室。

3. 有能从事工程预算实训的工程造价实训室。

4. 有多媒体教学设备和配套应用的电化教学设备。

(四)实训、实习设施

有稳定的校外实习基地和主要用人单位建立长期稳定的产教结合关系，校外实习基地应能满足应届毕业生 90％以上实习的需要。能解决认识实习、参观、毕业实习等实践教学的需要。

附注　执笔人：孙景芝　张毅敏　裴　涛

建筑电气工程技术专业培养方案

一、培养目标

本专业培养与社会主义现代化建设要求相适应的德、智、体、美等全面发展，具有科学的世界观、价值观，掌握电气工程技术专业必需的文化基础与专业理论知识，具备建筑电气工程技术职业能力和创新意识的建筑电气工程施工一线的高等技术应用性专门人才。

二、招生对象及基本修业年限

招生对象：高中、中职毕业生
基本修业年限：三年

三、职业能力结构及其分解

专业名称	综合能力	专项能力	对应课程
建筑电气工程技术	计算机应用能力	文字处理	计算机基础（Word）
		数据处理	计算机基础（Excel）
		计算机软件应用能力	预算、施工组织与管理、其他专业课程
	专业基本技能	计算分析能力	相关基础课、专业基础、专业课
		工程制图、识图能力	建筑构造与识图
		计算机操作能力	计算机基础
		电气设备安装调试能力	建筑电气施工技术
		施工管理能力	建筑电气施工组织与管理
		阅读翻译能力	英语、其他外国语
	电气工程施工能力	制定施工方案能力	建筑电气施工技术
		确定施工方法能力	
		提出技术措施能力	建筑电气施工技术
		制定安全技术措施能力	
		指导电气设备安装及调试能力	建筑电气工程施工、建筑电气控制技术
	电气工程预算能力	工程量计算能力	建筑电气工程预算
		工程费用计算能力	
		应用定额能力	
		工料分析能力	

专业名称	综合能力	专项能力	对应课程
建筑电气工程技术	施工管理能力	单项招投标管理能力	建筑电气施工组织与管理
		竣工验收能力	
		施工过程管理能力	
		质量和安全管理能力	
	工程初步设计能力	电气控制系统初步设计能力	建筑电气控制技术
		编程初步设计能力	可编程控制器及应用
		中小型变电所初步设计能力	建筑供电与照明
		中小型建筑照明初步设计能力	
		施工工艺图初步设计能力	电气消防技术
		电气消防初步设计能力	
		综合布线初步设计能力	综合布线与网络工程

四、课程体系

课程类别	课程名称	基本学时	学分
文化基础课	法律与道德	45	2
	马克思主义哲学	45	3
	邓小平理论	30	2
	英语	210	14
	高等数学	90	6
	计算机基础	60	3
	体育	105	4
	小计	585	34
专业基础课	电工基础	90	6
	电子技术	95	6
	建筑构造与识图	60	4
	电机与拖动基础	60	4
	单片机原理	45	3
	建筑电气CAD	45	3
	小计	395	26
专业课	建筑供配电与照明	95	6
	建筑电气控制技术	65	5
	可编程控制器及应用	70	5
	建筑弱电技术	45	3
	电气消防技术	60	5

课程类别		课程名称	基本学时	学分
专业课		楼宇智能化技术	60	5
		综合布线与网络工程	60	4
		建筑电气施工技术	75	6
		建筑电气工程预算	60	5
		建筑电气施工组织与管理	60	5
		小　计	650	49
选修课	人文	应用文写作	30	
		公共关系学	30	
		求职技巧	30	
	管理	管理心理学	30	
		物业管理	30	
		工程招投标	45	
		工程谈判技巧	30	
	专业	办公自动化	30	
		微机控制	45	
		人工智能	30	
	其他	专业外语	30	
		小　计	150	10
合　计			1780	119

五、教学计划

（一）理论教学进程表（建议）

课程类别	课程名称	课程代码	开课教研室	学时			学分	周学时分配						备注
				其中		合计		一学年		二学年		三学年		
				教学时数	实践教学			一	二	三	四	五	六	
文化基础必修课	法律与道德			45		45	2		√					
	马克思主义哲学			45		45	3	√						
	邓小平理论			30		30	2			√				
	英语			190	20	210	14	√	√	√				
	高等数学			90		90	6	√						
	计算机基础			30	30	60	3			√				
	体育			85	20	105	4	√	√	√	√			
	小计			515	70	585	34							

课程类别	课程名称	课程代码	开课教研室	教学时数	实践教学	合计	学分	一	二	三	四	五	六	备注
专业基础必修课	电工基础			76	14	90	6	√	√					
	电子技术			79	16	95	6			√	√			
	建筑构造与识图			46	14	60	4	√						
	电机与拖动基础			50	10	60	4			√				
	单片机原理			30	15	45	3					√		
	建筑电气CAD			15	30	45	3			√				
	小计			296	99	395	26							
专业必修课	建筑供配电与照明			79	16	95	6			√	√			
	建筑电气控制技术			54	11	65	5					√		
	可编程控制器及应用			46	24	70	5					√		
	建筑弱电技术			35	10	45	3					√		
	电气消防技术			48	12	60	5					√		
	楼宇智能化技术			52	8	60	5						√	
	综合布线与网络工程			45	15	60	4						√	
	建筑电气施工技术			55	20	75	6						√	
	建筑电气工程预算			45	15	60	5						√	
	建筑电气施工组织与管理			44	16	60	5						√	
	小计			503	147	650	49							
选修课	应用文写作			30		30	2		√					4选1
	工程招投标			37	8	45	3		√					
	公共关系学			30		30	2		√					
	微机控制			33	12	45	3		√					
	人工智能			30		30	2				√			3选1
	物业管理			26	4	30	2				√			
	工程谈判技巧			30		30	2				√			
	办公自动化			24	6	30	2					√		4选1
	专业外语			30		30	2					√		
	管理心理学			30		30	2					√		
	求职技巧			30		30	2					√		
	小计			120	30	150	10							
	合　计			1434	346	1780	119							

（二）实践性教学进程表

序号	课程名称	对应课程	第一学年		第二学年		第三学年		小计（周）	学分
			一学期	二学期	三学期	四学期	五学期	六学期		
1	线路焊接与实训	电子技术							1	1
2	照明设计	建筑供配电与照明							1	1
3	小区供电设计								1	1
4	电气控制设计	建筑电气控制技术							1	1
5	施工工艺设计	建筑电气施工技术							1	1
6	综合楼消防设计	电气消防技术							1	1
7	中小型电气工程预算	建筑电气工程预算							1	1
8	施工组织设计	建筑电气施工组织与管理							1	1
9	编程设计	可编程控制器及应用							1	1
10	综合布线设计	综合布线与网络工程							1	1
11	电气工程综合实践与毕业实习	技能操作实习							4	3
		毕业综合实践							9	5
12	毕业设计								10	7
13	毕业答辩								1	1
	合　计								34	26

六、主干课程

1. 电工基础

基本内容——电路的基本概念和基本定律；直流电路的分析；正弦交流电路；互感耦合电路；三相交流电路；线性的动态电路分析；电工仪表与检测等。

基本要求——熟练掌握电路的基本定律及分析方法；正弦交流电路、三相交流电路的分析方法及应用；了解非正弦周期量的谐波分析法；掌握磁路与磁路定律。

基本方法——课堂教学、试验、多媒体教学等。

基本学时：90

2. 电子技术

基本内容——电子技术发展；半导体二极管及其在整流电路中的应用；特殊三级管及基本放大电路；模拟集成电路、数字电路及电力电子的基本知识。

基本要求——熟悉常用电子元器件的基本功能；掌握常用模拟电路、数字电路的工作原理和应用；具有查阅电子器件手册、阅读和分析电子电路原理图的能力；掌握电力电子技术的基本知识。

基本方法——课堂教学、实验、实践、多媒体教学等。

基本学时：95

3. 建筑弱电技术

基本内容——绪论；电话通信线路、有线与闭路电视系统、广播音响系统、其他弱电系统等。

基本要求——了解建筑弱电系统安装施工的基本程序及常用器件等；掌握建筑弱电系统的电气性能及安装调试、测试的基本知识；具有选择器件及安装、调试建筑弱电系统工程的能力。

基本方法——课堂教学、实践、参观、多媒体教学等。

基本学时：45

4. 电机与拖动基础

基本内容——绪论；交直流电机的构造、工作原理；电动机的启动、制动、调速；电机的选择及拖动；变压器构造与工作原理等。

基本要求——了解电机的基本结构和工作原理；掌握电机与变压器的选择与应用；了解电动机常见的启动方式及制动和调速性能。了解其他用途的电动机基本原理和使用方法。

基本方法——课堂教学、试验、多媒体教学等。

基本学时：60

5. 建筑电气控制技术

基本内容——控制元件，控制的基本环节，典型控制实例等。

基本要求：掌握电气控制分析和设计方法及常用的电气设备工作原理及调试技能。

基本方法——课堂教学、实物演示、投影仪、多媒体教学等。

基本学时：65

6. 可编程控制器及应用

基本内容——可编程控制器的基本知识，可编程控制器的结构与工作原理，指令系统及程序设计。变频器的基本知识及应用。

基本要求——了解可编程控制器的基本知识，理解可编程控制器的应用，掌握可编程控制器程序设计的方法。

基本方法——课堂教学、实验、上机编程操作等。

基本学时：70

7. 电气消防技术

基本内容——绪论；火灾自动报警系统、自动灭火系统；疏散照明与广播通信系统；防排烟与消防电梯，电气消防系统设计、检测验收与调试。

基本要求——掌握火灾自动报警系统、消防联动系统的设计与施工，了解各系统的构造与动作原理及特点。

基本方法——课堂教学、多媒体教学及上机操作练习等。

基本学时：60

8. 楼宇智能化技术

基本内容——绪论；楼宇设备自动化；典型 BA 系统设备；安保系统；声频系统；信息传播网络；智能楼宇综合管理。

基本要求——掌握楼宇智能的集成；了解各子系统的构造、工作原理与特点。

基本方法——课堂教学、多媒体教学、上机练习等。

基本学时：60

9. 建筑电气施工技术

基本内容——绪论；电气安装常用材料和工具；室内外配线工程；电气照明装置安装；电动机及其控制设备安装；变配电设备安装；电缆线路施工；建筑防雷与接地装置安装；建筑弱电工程施工。

基本要求——掌握一般建筑电气设备安装工程的施工程序；掌握主要的施工工艺和安全操作措施。能够根据工程特点和实际情况，确定一般的电气安装工程施工方法和技术措施。熟悉电气安装工程对土建及其他工程的要求，能够正确处理与其配合的问题。

基本方法——课堂教学、多媒体教学、实训等。

基本学时：75

10. 建筑电气工程预算

基本内容——预算的基本知识，建筑电气安装工程定额，施工图预算编制；工程量清单计价基本知识。

基本要求——熟悉预算定额，掌握电气安装工程施工图预算的编制步骤和方法，能够编制中小型电气工程预算；掌握工程量清单计价的基本方法。

基本方法——课堂教学、课内预算练习、预算软件的使用等。

基本学时：60

11. 建筑电气施工组织与管理

基本内容——安装工程招投标与建设工程施工合同，网络图计划技术，施工组织设计等。

基本要求——熟悉施工管理基本知识；掌握施工管理、网络图计划技术。

基本方法——课堂教学、多媒体教学、上机操作等。

基本学时：60

12. 综合布线与网络工程

基本内容——绪论；信息通信基础；通信网络与网络工程综合布线初步设计；综合布线施工技术；综合布线应用设计举例。

基本要求——熟悉综合布线系统中所有设备的性能和特点；掌握综合布线设计图的识读方法，并能进行简单布线系统的设计和复杂布线系统的安装。

基本方法——课堂教学，以实际工程图纸为例进行讲述，参观实际工程，多媒体教学等。

基本学时：60

13. 建筑供配电与照明

基本内容——10kV及以下变配电系统的基本原理；简单的供配电系统计算；熟悉各种电气设备和导线的使用要求；电气照明系统的组成；建筑电气简单设计及安装方面的有关知识。

基本要求——掌握变配电系统的组成；掌握电气照明系统设计的步骤和方法；掌握各种图纸的识读方法；培养对电气系统运行和维护的能力。

基本方法——课堂教学、结合电气施工图开展教学、现场参观教学、课程设计、多媒体教学等。

基本学时：95

七、教学时数分配

课 程 类 别	学　　时	其　　中	
		理 论 教 学	实 践 教 学
文化基础课	585	515	70
专业基础及专业课	1045	799	246
选 修 课	150	120	30
实 践 课	34×30＝1020		1020
合 计	2800	1434	1366
理论课占总学时的比例		51.22％	
实践课占总学时的比例		48.78％	

八、编制说明

1. 政治课学时主要依据教育部的有关规定确定。

2. 实行学分制时，可以在2～5年修业年限内完成本规定的必修课、选修课及实践课的学分。

3. 关于实践性教学周的具体时间安排，各学校可依据本方案在实施性教学计划中确定。

附注　执笔人：刘春泽　张毅敏　颜凌云

建筑电气工程技术专业主干课程教学大纲

1 电 工 基 础

一、课程的性质与任务

本课程是建筑电气工程技术专业的一门专业基础课。其主要任务是：研究电路原理及特性，使学生掌握电路的基本理论知识，为学习专业知识奠定基础。同时结合本课程的特点，培养学生具有一定的电工基本技能。

二、课程的基本要求

（一）理论要求

1. 了解电路的一些基本物理量，熟悉电阻、电感、电容等元器件的特点；

2. 掌握分析直流、交流电路的基本方法；

3. 熟悉非正弦周期性函数的傅里叶级数的分解；

4. 掌握线性动态电路的分析；

5. 掌握磁路定律及磁路的计算。

（二）技能要求

1. 通过基尔霍夫定律的验证，掌握如何测量电压和电流；

2. 通过日光灯电路的实验，掌握如何提高感性负载的功率因数；

3. 掌握三相负载的星、角接电路；

4. 掌握 RL、RC 串联电路过渡过程分析。

三、课程内容及教学要求

（一）电路的基本概念

1. 主要内容

电路与电路模型；电路的基本物理量；欧姆定律和电阻元件；电阻串、并联等效变换；电阻星形连接与三角形连接的等效变换；电流的热效应；电源与电路的三种工作状态；基尔霍夫定律。

2. 教学要求

了解电路的概念及电路模型；熟悉电路的基本物理量；掌握电阻的串、并联及欧姆定律和基尔霍夫定律。

（二）直流电路的分析

1. 主要内容

无源二端口网络；电能输送与负载获得最大功率；支路电流法；网络电压法；节点电压法；戴维南定理和诺顿定理；叠加定理；非线性电阻电路。

2. 教学要求

了解非线性电阻电路的分析；掌握支路电流法、节点电压法、网孔电流法；熟悉戴维南和诺顿定律、叠加定律。

（三）电场与磁场、电感、电容

1. 主要内容

电场的基本概念；电介质；电容、电容器；恒定电场简介；磁场的基本概念；磁介质、磁场强度；磁通连续性原理与安培环路定律；电磁感应、电感。

2. 教学要求

了解电场、磁场的基本概念；掌握电容器的计算、磁通连续性原理与安培环路定律。

（四）正弦交流电路的分析

1. 主要内容

正弦交流电路；正弦量的有效值；正弦量的相量表示法；相量形式的基尔霍夫定律；R、L、C 元件伏安关系的相量形式；R、L、C 串联电路及阻抗；R、L、C 并联电路及导纳；阻抗的串并联、等效阻抗、等效导纳；正弦交流复杂电路；电路元件的平均功率与平均储能；正弦交流电路的功率；功率因数的提高；电路谐振；互感电路；交流电路中的实际元件。

2. 教学要求

了解正弦交流电的产生；掌握用相量分析法计算交流电路；掌握 R、L、C 串、并联电路的分析方法；熟悉功率因数提高的意义和方法；掌握互感电路的分析方法。

（五）三相正弦交流电路

1. 主要内容

对称三相交流电源；三相负载的连接；对称三相电路的计算；三相四线制不对称负载的计算；三相电路的功率。

2. 教学要求

了解对称三相电源的产生；熟悉三相负载的连接；掌握三相对称负载、不对称负载的计算；掌握三相电路功率的计算。

（六）非正弦周期性电路

1. 主要内容

非正弦周期量的产生；非正弦周期性函数分解为傅里叶级数；几种对称的周期性函数；有效值、平均值和平均功率；非正弦周期性电路的计算。

2. 教学要求

了解非正弦周期量的产生和常见的几种对称周期性函数的傅里叶级数分解；熟悉非正弦周期性函数的有效值、平均值和平均功率；掌握非正弦周期性电路的计算。

（七）线性动态电路的分析

1. 主要内容

稳态与暂态；RC 串联电路在直流激励下的响应；RL 串联电路在直流激励下的响应；

一阶直流线性电路瞬态过程的三要素法；一阶电路在正弦交流电压激励下的响应；二阶线性动态电路简介。

2. 教学要求：

了解稳态与暂态的概念；掌握一阶直流线性电路瞬态过程的三要素法；了解二阶线性电路的分析。

（八）磁路与铁芯线圈

1. 主要内容

铁磁物质的磁化；磁路与磁路定律；恒定磁通磁路的计算；交流铁芯线圈、磁化电流；铁芯损耗；交流铁芯线圈的电路模型；理想变压器；电磁铁。

2. 教学要求

了解铁磁物质的磁化；掌握磁路定律及恒定磁通磁路的计算；熟悉磁化电流及铁芯损耗；掌握理想变压器。

（九）二端口网络

1. 主要内容

二端口网络的方程和参数、二端口网络的等效电路、二端口网络的级联。

2. 教学要求：

理解二端口网络的方程和参数；掌握二端口网络的等效变换，二端口网络的级联。

四、实践环节

实验

1. 直流电位及电源外特性的测量；
2. 基尔霍夫定律的验证；
3. 叠加定理的验证；
4. 日光灯电路的连接及其功率因数的提高；
5. R、L、C 交流电路参数的测定；
6. 三相负载的星形连接和三角形连接；
7. RL、RC 串联电路过渡过程分析。

五、学时分配

本课程总计 90 学时，其中理论教学 76 学时，实验及参观的实践教学 14 学时。

课 时 分 配 表

序号	教 学 内 容	总学时	授　课	实验、参观
（一）	电路的基本概念	12	8	4
（二）	直流电路的分析	14	12	2
（三）	电场与磁场、电感、电容	8	8	
（四）	正弦交流电路的分析	20	16	4
（五）	三相正弦交流电路	10	8	2

序号	教 学 内 容	总学时	授　课	实验、参观
（六）	非正弦周期性电路	6	6	
（七）	线性动态电路的分析	8	6	2
（八）	磁路与铁芯线圈	8	8	
（九）	二端口网络	4	4	
合　计		90	76	14

六、教学大纲说明

1. 本大纲适用于高职高专建筑电气工程技术专业及相近专业课程的教学；

2. 本课程在讲授过程中应结合后续课程需要，有针对性地加强基本概念和基本理论知识的讲解。

附注　执笔人：裴　涛　王庆良

2 电 子 技 术

一、课程的性质与任务

本课程是建筑电气工程技术专业的专业基础课。其主要任务是通过理论和实践教学，要求学生掌握有关电子技术的基本理论、基本知识和基本技能；具有一定的对电子电路分析、设计的能力，并为后续课程的学习准备必要的知识。

二、课程的基本要求

（一）理论要求

1. 了解常用电子器件(二极管、三极管、晶闸管、集成运放等)的基本工作原理、外特性和主要参数；

2. 熟悉常用基本单元电路组成、工作原理、使用性能和特点；

3. 熟悉放大器主要性能指标的估算方法。

（二）技能要求

1. 具有常用基本单元电路的连接、测量、分析能力；

2. 简单的 PCB 设计能力。

三、课程内容及教学要求

（一）绪论

1. 主要内容

《电子技术》课程的基本内容、任务和学习要求。

2. 教学要求

了解《电子技术》课程在本专业及相近专业中的作用；了解电子器件发展的历史、现状及前景；了解所需学习的各章内容分配。

（二）半导体二极管和三极管

1. 主要内容

半导体基本知识；二极管；三极管。

2. 教学要求

了解半导体的基本知识；熟悉二极管和三极管的结构、工作原理和主要参数；掌握二极管和三极管外部特性曲线及二极管的简单应用。

（三）基本放大电路

1. 主要内容

放大器基本电路及工作原理；放大电路的分析方法；静态工作点的稳定；共-c 电路和共-b 电路；阻容耦合多级放大电路。

2. 教学要求

熟悉放大电路三种基本组态的单元电路；掌握基本放大电路的静态、动态分析方法；了解静态工作点的稳定电路；了解多级放大电路。

（四）负反馈放大电路

1. 主要内容

反馈的概念、分类；不同类型负反馈的作用；深度负反馈的近似计算。

2. 教学要求

了解深度负反馈电路的近似计算原理、方法；掌握反馈的分类；熟悉不同类型反馈对放大电路性能的改善作用。

（五）集成运算放大器

1. 主要内容

集成运放的三种输入方式及线性应用；集成运放的非线性应用及使用常识。

2. 教学要求

了解运算放大器的芯片特点和理想特性；熟悉理想运放的使用常识；掌握理想运放的线性应用及非线性应用电路。

（六）功率放大器

1. 主要内容

功率放大电路特点及工作状态；互补对称功率电路；集成功率放大电路。

2. 教学要求

了解功放特点；熟悉常用集成功率放大电路；熟悉乙类及甲乙类功放电路结构、工作原理；掌握乙类及甲乙类功放电路性能指标计算及元件选择。

（七）直流稳压电源

1. 主要内容

直流稳压电源的各部分组成电路；串联型稳压电路；集成稳压电源。

2. 教学要求

熟悉电源各组成电路工作原理；掌握电源各组成电路的参数计算及元件选择；了解集成稳压电源的常用电路及使用方法。

（八）逻辑代数基础

1. 主要内容

数制及码制；逻辑代数的基本运算、基本公式和运算规则；逻辑代数的化简法。

2. 教学要求

了解数字电路的特点及应用；掌握数制及码制的基本知识及相互转换；掌握逻辑代数的基本知识；掌握逻辑代数的化简方法。

（九）逻辑门电路

1. 主要内容

TTL 门电路和 MOS 门电路的使用。

2. 教学要求

熟悉 TTL 门与 MOS 门之间的接口电路；掌握 TTL 门电路及 MOS 门电路的使用知识。

（十）组合逻辑电路

1. 主要内容

组合逻辑电路的分析与设计；译码器、编码器、加法器等；常用芯片介绍与应用。

2. 教学要求

掌握组合逻辑电路分析及设计方法；熟悉译码器、编码器、加法器等典型功能芯片的基本知识；掌握译码器、编码器、加法器等典型功能芯片的应用。

（十一）触发器

1. 主要内容

触发器功能；触发器功能转换。

2. 教学要求

了解各种触发器的芯片特点及性能；熟悉各种触发器的触发功能及触发特点；掌握触发器输出波形分析及各种触发器的相互转换。

（十二）时序逻辑电路

1. 主要内容

时序逻辑电路基本的分析方法；寄存器；计数器。

2. 教学要求

时序逻辑电路的特点及结构；熟悉时序逻辑电路的分析方法；熟悉寄存器、计数器的芯片特点；掌握寄存器、计数器芯片的典型应用。

（十三）A/D、D/A 转换

1. 主要内容

A/D、D/A 转换器的功能；不同类型转换器的特点；常用芯片及使用。

2. 教学要求

了解转换器的功能；熟悉各类转换器的原理；掌握芯片的使用。

（十四）电力电子技术

1. 主要内容

晶闸管的结构及工作原理；单相半波整流电路组成及工作原理；单相全波整流电路及工作原理；三相半控（全控）整流电路组成及工作原理；典型的逆变电路组成及工作原理；典型触发电路组成及工作原理。

2. 教学要求

掌握晶闸管的组成及其工作原理；能够分析单相整流电路的工作原理；熟悉三相整流电路的工作原理，了解整流电路工作过程中注意的问题；了解逆变电路的工作原理，能分析简单的逆变电路的工作过程。

四、实践环节

（一）实验

1. 单管放大电路测试；

2. 集成运放基本运算功能测试；

3. 功率放大器；

4. 与非门逻辑功能测试；

5. 触发器逻辑功能测试;

6. 计时、译码、显示综合应用;

7. 晶闸管的导通与关断实验;

8. 单相整流电路实验;

9. 三相桥式整流电路实验。

（二）实践技能培养

本课程安排一周时间的线路焊接练习。

五、学时分配

本课程共 95 学时，其中理论教学 73 学时，实验 20 学时，机动 2 学时，具体课时分配见下表。

学 时 分 配 表

序　　号	教　学　内　容	总 学 时	授　　课	实　　验
（一）	绪论	1	2	
（二）	半导体二极管和三极管	6	6	
（三）	基本放大电路	10	8	2
（四）	负反馈放大电路	6	4	2
（五）	集成运算放大器	8	6	2
（六）	功率放大器	8	6	2
（七）	直流稳压电源	6	6	
（八）	逻辑代数基础	8	8	
（九）	逻辑门电路	4	2	2
（十）	组合逻辑电路	6	6	
（十一）	触发器	6	4	2
（十二）	时序逻辑电路	4	4	
（十三）	A/D、D/A 转换	4	2	2
（十四）	晶闸管的组成及工作原理	4	2	2
（十五）	单相整流电路	4	2	2
（十六）	三相整流电路	4	2	2
（十七）	晶闸管触发电路	2		
（十八）	逆变电路的组成及工作原理	2		
（十九）	机动	2		
合　　计		95	73	20

六、教学大纲说明

1. 本大纲适用于高职高专建筑电气工程技术专业及相关专业的专业课程教学；

2. 本大纲整合了电子技术和变流技术两门课程的内容；

3. 本大纲侧重于学生实际动手能力的培养，教学中应加大实践教学力度，培养学生解决实际问题的能力。

附注　执笔人：刘春泽　韩俊玲　范蕴秋

3 建筑弱电技术

一、课程的性质与任务

本课程是建筑电气工程技术专业的一门主干专业课。其主要任务是通过理论和实践教学，使学生熟悉建筑弱电系统的组成及基本原理，了解建筑弱电系统工程安装施工的基本程序，掌握弱电系统的电气性能指标及工程设计的基本知识，并使学生具备安装、调试建筑弱电系统的初步能力。

二、课程的基本要求

（一）理论要求

1. 了解建筑弱电系统的组成及基本原理；
2. 熟悉建筑弱电系统中常用器件及设备的基本结构、技术性能指标和用途；
3. 掌握弱电系统的安装、调试的基本知识；
4. 掌握建筑弱电系统设计的基本知识。

（二）技能要求

1. 常用弱电设备的安装；
2. 弱电系统的调试。

三、课程内容及教学要求

（一）绪论

1. 主要内容

建筑弱电系统的概念；建筑弱电系统的组成及工作原理。

2. 教学要求

了解建筑弱电系统的概念；掌握建筑弱电系统的组成及工作原理。

（二）有线电视系统

1. 主要内容

系统的组成与分类；电视信号的传播；系统的设备与材料；系统的设计；卫星电视。

2. 教学要求

掌握系统的组成；熟悉前端设备和传输分配设备的结构、工作原理及选型；掌握系统的设计方法；了解卫星电视。

（三）闭路监控系统

1. 主要内容

系统的组成；系统应用的各种设备；系统的控制方式。

2. 教学要求

掌握系统的基本构成；熟悉系统中的各种设备；掌握系统的控制方式。

（四）有线广播系统

1．主要内容

系统组成；系统类型；系统设备；设备配接。

2．教学要求

了解系统的组成；熟悉系统的设备；掌握系统的基本类型；掌握系统中设备的配接。

（五）电话系统

1．主要内容

系统的组成；交换机；传输线路。

2．教学要求

了解系统的构成；了解交换机的结构及工作原理；掌握传输线路的敷设。

（六）防盗报警与出入口控制系统

1．主要内容

传感器与报警装置；出入口控制系统的组成与功能；访客对讲系统；电子巡更系统；停车场管理系统。

2．教学要求

了解常用的传感器与报警装置；熟悉出入口控制系统的组成与功能；熟悉访客对讲系统；了解电子巡更系统；了解停车场管理系统。

（七）弱电系统的电源与接地

1．主要内容

系统的供电方式；电源分类与特点；系统防雷与接地。

2．教学要求

了解系统的供电方式；熟悉电源的分类与特点；掌握系统的防雷与接地的设计。

四、实践环节

（一）实验

1．有线电视系统性能指标测试；

2．闭路监控系统性能指标测试；

3．有线广播系统性能指标测试。

（二）参观

1．闭路监控系统；

2．住宅小区出入口控制系统。

五、学时分配

本课程共 45 学时，其中理论教学 34 学时，参观 4 学时，实验 6 学时，机动 1 学时，具体课时分配见下表。

学 时 分 配 表

序　号	教 学 内 容	总 学 时	授　课	实验、参观
（一）	绪论	2	2	
（二）	有线电视系统	12	6	2
（三）	闭路监控系统	8	6	4
（四）	有线广播系统	10	6	2
（五）	电话系统	14	4	
（六）	防盗报警与出入口控制系统	10	8	2
（七）	弱电系统的电源与接地	2	2	
（八）	机动	1	1	
	合　　计	45	35	10

六、教学大纲说明

1. 本大纲适用于高职高专建筑电气工程技术专业及相关专业的专业课教学；

2. 本大纲在教学中应侧重对学生实际动手能力的培养，提高学生解决实际问题的能力。

附注　执笔人：颜凌云　张铁东

24

4 电机与拖动基础

一、课程的性质与任务

《电机与拖动基础》是建筑电气专业的一门专业基础课。内容包括电机学和电力拖动基础，既有理论知识又有实践教学，是一门理论与实践密切结合的课程。本课程的任务是使学生掌握电机的基本结构、基本理论、实践技能以及电力拖动的基本知识，为从事建筑电气专业的工作打下一定的基础，为学习《建筑电气自动控制》、《工业与民用供电》等专业课程准备必要的基础知识。

二、课程的基本要求

（一）理论要求

1. 了解电机的基本结构和工作原理，熟悉常见电机的规格型号和用途；

2. 了解变压器的基本结构和工作原理，掌握变压器的运行特性；

3. 熟悉电机的启动、调速、制动的方法；

4. 掌握电机选择的一般原则。

（二）技能要求

1. 实现电机的启动、调速、制动；

2. 变压器参数的测定和极性的判别。

三、课程内容及教学要求

（一）绪论

1. 主要内容

《电机与拖动》课程的基本内容、任务和学习要求。

2. 教学要求

《电机与拖动》课程在本专业及相近专业中的作用；了解电力拖动系统的组成和特点；了解电机的应用领域及发展前景。

（二）直流电机

1. 主要内容

直流电机的工作原理；直流电机的结构；直流电机的铭牌数据和主要系列；直流电机的励磁方式；直流电机的电磁转矩和感应电动势；直流电机的工作特性和运行特性。

2. 教学要求

了解直流电机的分类、用途及结构；理解直流电机的原理、感应电动势和电磁转矩；掌握直流发电机、电动机的各种平衡关系及运行特性。

（三）直流电机的电力拖动

1. 主要内容

电力拖动系统的动力学基础；他励直流电动机的机械特性；他励直流电动机的启动；他励直流电动机的调速；他励直流电动机的制动。

2. 教学要求

理解他励直流电动机的机械特性；掌握他励直流电动机的启动、调速、制动性能。

（四）变压器

1. 主要内容

变压器的基本工作原理；变压器的分类、结构和额定值；单相变压器的空载运行；单相变压器的负载运行；变压器参数的测定；变压器的运行特性；三相变压器；变压器的并联运行；自耦变压器；仪用交流互感器。

2. 教学要求

了解变压器的结构与原理；掌握单相变压器的磁势、电势平衡关系以及等效电路；掌握变压器的参数测定方法及外特性和电压调整率、效率特性；了解三相变压器的磁路特点及连接组别；理解特殊变压器的结构原理及其应用。

（五）三相异步电动机

1. 主要内容

三相异步电动机的基本结构；三相异步电动机的工作原理；三相异步电动机的额定值及主要系列；交流电机的绕组；三相异步电动机的空载运行；三相异步电动机的负载运行；三相异步电动机的等效电路和相量图；三相电动机的功率和电磁转矩；三相异步电动机的工作特性；三相异步电动机的参数测定。

2. 教学要求

了解三相异步电动机的结构与工作原理；掌握三相异步电动机的等效电路、功率平衡及转矩平衡关系。

（六）三相异步电动机的电力拖动

1. 主要内容

三相异步电动机的机械特性；三相异步电动机的启动；三相异步电动机的调速；三相异步电动机的制动。

2. 教学要求

了解三相异步电动机的固有机械特性、人为机械特性；掌握三相异步电动机的启动、调速、制动的方法和特点及应用。

（七）单相感应电动机

1. 主要内容

单相感应电动机的工作原理；单相感应电动机的分类和启动方法。

2. 教学要求

了解单相感应电动机的结构、种类，并理解其工作原理。

（八）同步电机

1. 主要内容

同步电机的基本结构；同步发电机；同步电动机和同步调相机。

2. 教学要求

了解同步电机的结构，掌握同步电机的基本类型。

（九）控制电机

1. 主要内容

伺服电动机；测速发电机；自整角机；旋转变压器；步进电动机。

2. 教学要求

掌握伺服电动机、测速发电机、自整角机、旋转变压器、步进电动机的结构、工作原理、性能特点；了解自整角机、旋转变压器的误差产生原因。

（十）电动机的选择

1. 主要内容

关于电动机选择的一般原则；电动机的工作制分类；电动机额定功率的选择；电动机的种类、型式、电压、转速的选择。

2. 教学要求

了解电动机的发热和冷却过程及其特点；掌握电动机的几种工作制及其与容量的关系；掌握电动机额定容量、种类、型式、电压、转速的选择。

四、实践环节

（一）实验

1. 他励直流电动机的工作特性；

2. 变压器空载、短路实验；

3. 三相变压器的联结组别测定；

4. 三相异步电动机的启动和调速。

（二）参观

1. 电机的结构、组装；

2. 电机的控制。

五、学时分配

本课程共 80 学时，其中理论教学 66 学时，参观 4 学时，实验 8 学时，机动 2 学时，具体课时分配见下表。

学 时 分 配 表

序　　号	教 学 内 容	总 学 时	授　课	实验、参观
（一）	绪论	2	2	
（二）	直流电机	6	6	
（三）	直流电机的电力拖动	8	6	2
（四）	变压器	6	4	2
（五）	三相异步电动机	10	8	2
（六）	三相异步电动机的电力拖动	10	6	4
（七）	单相感应电动机	2	2	

序　号	教　学　内　容	总学时	授　课	实验、参观
（八）	同步电机	4	4	
（九）	控制电机	6	6	
（十）	电动机的选择	4	4	
（十一）	机动	2	2	
合　计		60	50	10

六、教学大纲说明

　　1. 本大纲适用于高职高专建筑电气工程技术专业及相近专业的专业课程教学；

　　2. 本大纲侧重于学生实际动手能力的培养，教学中应加大实践教学力度，培养学生解决实际问题的能力。

　　附注　执笔人：颜凌云　张之光

5 建筑电气控制技术

一、课程的基本性质与任务

本课程是建筑电气工程技术专业的一门主干专业课程。本课程的主要任务是通过理论和实践教学，要求学生掌握建筑电气控制的基本理论和基本方法；具有建筑电气控制系统的分析、设计以及运行调试的专业能力。

二、课程的基本要求

（一）理论要求

1. 了解常用低压电器的基本构造和工作原理，熟悉常用低压电器规格型号和用途；
2. 了解国家现行电气规范及标准、电气安装技术规范和安全用电操作规程；
3. 熟悉电气控制线路设计的基本知识；
4. 掌握建筑设备控制线路的分析方法。

（二）技能要求

1. 常用低压电器的安装；
2. 电气控制线路基本环节的连接；
3. 简单电气控制线路的设计。

三、教学内容及教学要求

（一）绪论

1. 主要内容

《建筑电气控制》课程的基本内容、任务和学习要求。

2. 教学要求

了解《建筑电气控制》课程在本专业及相近专业中的作用；了解电力拖动系统的组成和特点；了解电气控制技术的应用领域及发展前景。

（二）常用低压电器

1. 主要内容

接触器；继电器；低压开关；主令电器；熔断器。

2. 教学要求

了解常用低压电器的种类及特点；熟悉常用低压电器的结构、工作原理以及规格型号和实际应用；掌握常用低压电器的选择。

（三）电气控制线路的基本环节

1. 主要内容

电气制图标准及电路图分类；电气控制线路的逻辑代数分析方法；三相鼠笼式异步电

动机的控制线路；直流电动机控制电路；绕线式异步电动机控制电路；电气控制线路设计的基本知识。

2. 教学要求

了解电气制图的标准及基本要求；熟悉电气控制线路设计的基本知识；掌握典型电气控制线路基本环节的分析方法。

（四）桥式起重机的电气控制

1. 主要内容

概述；制动器与制动电磁铁；控制器；电阻器；保护箱及起重机的供电；桥式起重机电气控制实例；平移及升降机构控制站。

2. 教学要求

了解制动器、控制器、电阻器等设备的规格型号和用途；熟悉桥式起重机的组成及各部分的作用；掌握桥式起重机电气控制的分析方法。

（五）给水系统的电气控制

1. 主要内容

水位自动控制；压力自动控制；变频控制；微机接口控制。

2. 教学要求

了解水位开关的规格型号和用途；熟悉不同种类水位开关的控制实例；掌握给水系统电气控制的分析方法。

（六）电梯的电气控制

1. 主要内容

电梯的基本构造；电梯电气控制的基本任务；电梯常用的控制器件；电梯控制电路；电梯的运行调试。

2. 教学要求

了解电梯的基本构造；熟悉电梯电气控制的基本任务；掌握电梯常用的控制器件结构和工作原理；掌握电梯控制电路的分析方法；了解电梯运行调试方面的基本知识。

（七）锅炉房设备的电气控制

1. 主要内容

锅炉房设备的组成和工作过程；锅炉的自动控制任务；锅炉电气控制实例。

2. 教学要求

了解锅炉房设备的组成及作用；熟悉锅炉自动控制的任务；掌握锅炉电气控制的分析方法。

（八）空调与制冷系统的电气控制

1. 主要内容

概述；空调系统常用的调节装置；分散式空调系统电气控制实例；半集中式空调系统电气控制实例；集中式空调系统电气控制实例；制冷系统的电气控制。

2. 教学要求

了解空调系统的分类及常用调节装置的作用；熟悉空调系统和压缩式制冷的主要设备；掌握空调系统和制冷系统电气控制的分析方法。

（九）自备应急电源的电气控制

1. 主要内容

概述；自起动柴油发电机组的启动原理；发电机励磁调压装置；同期系统。

2. 教学要求

了解应急电源的种类及作用；了解柴油发电机的组成及特点；熟悉发电机励磁调压装置的应用；掌握自启动柴油发电机组的启动原理。

四、实践环节

（一）实验

1. 电动机点动控制电路；

2. 电动机单方向旋转控制电路；

3. 电动机正反转控制电路。

（二）参观

1. 桥式起重机的电气控制；

2. 锅炉房设备的电气控制；

3. 空调与制冷系统的电气控制。

五、学时分配

本课程共 65 学时，其中理论教学 54 学时，参观 5 学时，实验 4 学时，机动 2 学时，具体课时分配见下表。

学 时 分 配 表

序 号	教 学 内 容	总学时	授 课	实验、参观
（一）	绪论	2	2	
（二）	常用低压电器	10	10	
（三）	电气控制线路的基本环节	10	8	2
（四）	桥式起重机的电气控制	8	6	2
（五）	给水系统的电气控制	8	8	
（六）	电梯的电气控制	6	4	2
（七）	锅炉房设备的电气控制	7	6	1
（八）	空调与制冷系统的电气控制	8	6	2
（九）	自备应急电源的电气控制	4	4	
（十）	机动	2		2
	合　　计	65	54	11

六、教学大纲说明

1. 本大纲适用于高职高专建筑电气工程技术专业及相近专业的专业课程教学；

2. 本大纲侧重于学生实际动手能力的培养，教学中应加大实践教学力度，培养学生解决实际问题的能力。

附注　执笔人：刘　玲　裴　涛

6 可编程控制器及应用

（含变频器部分）

一、课程的性质与任务

本课程是建筑电气工程技术专业的主干专业课程。其主要任务是使学生熟悉可编程序控制器的基本组成，掌握可编程序控制器编程语言及其应用。掌握交流变频调速系统的结构及工作原理。为提高学生的综合素质，增强适应职业变化和继续学习的能力打下一定的基础。

二、课程的基本要求

（一）理论要求

1. 了解 S7-200PLC 可编程控制器的组成及相关设备；

2. 掌握 S7-200PLC 可编程控制器的工作方式及程序结构；

3. 掌握可编程控制器的基本指令及应用指令；

4. 熟悉 S7-200PLC 可编程控制器的通信及网络的使用；

5. 掌握 USS 协议指令和变频器的设置。

（二）技能要求

1. 掌握 STEP 7-Micro/WIN 32 编程软件的使用；

2. 掌握系统设计的原则和步骤。

三、课程内容及教学要求

（一）S7-200PLC 可编程控制器的概论

1. 主要内容

PLC 的发展、分类及应用；S7-200PLC 可编程控制器的基本结构；相关设备。

2. 教学要求

了解可编程序控制器的发展及分类；了解 S7-200PLC 可编程控制器基本结构；熟悉可编程序控制器的性能指标；掌握可编程控制器的工作方式。

（二）STEP 7-Micro/WIN 32 编程软件

1. 主要内容

编程软件的安装；软件的功能；调试及运行监控。

2. 教学要求

熟悉软件的安装；掌握软件的功能；掌握软件的调试及运行监控。

（三）S7-200PLC 可编程控制器的基本指令

1. 主要内容

位操作指令；运算指令；其他数据处理指令；表功能指令；转换指令。

2. 教学要求

掌握位操作指令；掌握运算指令；掌握其他数据处理指令；掌握表功能指令；掌握转换指令。

（四）S7-200PLC可编程控制器应用指令

1. 主要内容

程序控制指令；特殊指令。

2. 教学要求

掌握程控类指令的使用；掌握特殊指令的使用。

（五）通信及网络

1. 主要内容

通信及网络的概述；通信的实现；网络的实现；自由口通信。

2. 教学要求

了解通信及网络概述；掌握通信及网络的实现；自由口通信的使用。

（六）USS协议指令和变频器通信

1. 主要内容

USS协议的要求；USS协议指令；变频器的连接及设置。

2. 教学要求

了解USS协议的要求；掌握USS协议的指令；熟悉变频器的连接；掌握变频器的设置。

（七）应用设计

1. 主要内容

系统设计的原则与步骤；功能流程图；设计实例。

2. 教学要求

（1）了解系统设计的原则与步骤；

（2）掌握功能流程图；

（3）掌握常见的设计实例。

四、实践环节

（一）微机操作

1. 软件的安装；

2. 编程指令的使用。

（二）实验

1. 自由通信口模式的简单应用；

2. 处理脉宽调制；

3. 可逆电动机转动。

五、学时分配

本课程共50学时，其中理论教学20学时，微机操作24学时，实验6学时，具体分配见下表。

课 时 分 配 表

序　　号	内　　容	总学时	授　课	课内练习、实验
（一）	S7-200PLC 可编程控制器的概论	4	4	
（二）	STEP 7-Micro/WIN 32 编程软件	2		2
（三）	S7-200PLC 可编程控制器的基本指令	14	2	10
（四）	S7-200PLC 可编程控制器应用指令	12	2	10
（五）	通信及网络	6	2	4
（六）	USS 协议指令和变频器通信	6	2	4
（七）	应用设计	4	6	
（八）	机动	2	2	
	合　　计	50	20	30

五、教学大纲说明

1. 本大纲适用于高职高专建筑电气工程技术专业及相近专业课程的教学；

2. 本大纲所选的可编程控制器是德国西门子公司的 S7-200 系列，如选用其他系列的可编程控制器，此大纲仅作参考。

附注　执笔人：刘春泽　王庆良

7 电气消防技术

一、课程的性质与任务

本课程是建筑电气工程技术专业的一门主干专业课。其主要任务是通过理论和实践教学使学生熟悉电气消防系统的组成及基本原理，了解电气消防系统安装施工的基本程序，掌握消防系统的设计、安装、调试的基本知识。使学生具备设计、安装、调试消防系统工程的专业能力。

二、课程的基本要求

（一）理论要求

1. 了解电气消防系统组成；

2. 掌握电气消防系统中常用设备的基本工作原理及技术性能指标；

3. 掌握电气消防系统的设计、安装、调试的基本知识。

（二）技能要求

1. 火灾探测器的安装；

2. 电气消防系统的调试。

三、课程内容及教学要求

（一）绪论

1. 主要内容

消防系统的组成；火灾的形成过程及特点；灭火介质。

2. 教学要求

掌握消防系统的组成；了解火灾的形成过程及特点；熟悉常用灭火介质。

（二）火灾自动报警系统

1. 主要内容

火灾探测器；火灾自动报警系统的配套设备；火灾报警控制器；火灾自动报警系统构成。

2. 教学要求

熟悉常用的火灾探测器的结构与工作原理；了解火灾自动报警系统的配套设备；了解火灾报警控制器的功能；掌握火灾自动报警系统构成。

（三）自动灭火控制系统

1. 主要内容

自动喷水灭火系统；室内消火栓灭火系统；卤化物灭火系统；泡沫灭火系统；二氧化碳灭火系统。

2．教学要求

了解室内消火栓灭火系统的基本原理；熟悉卤化物灭火系统、泡沫灭火系统、二氧化碳灭火系统的基本原理；掌握自动喷水灭火系统的控制原理。

（四）防火与减灾系统

1．主要内容

防火门；防火卷帘；防排烟系统；火灾应急照明系统；消防专用通讯系统；消防电梯。

2．教学要求

熟悉防火与减灾系统设备的基本工作原理；掌握各种设备的控制方法。

（五）建筑消防系统的设计

1．主要内容

建筑物的分类；保护等级；保护范围；系统设计。

2．教学要求

了解建筑物的类别；熟悉保护等级与保护范围的确定；掌握建筑消防系统的设计方法。

（六）消防系统的安装调试与使用维护

1．主要内容

系统安装；系统的调试开通；系统的使用维护。

2．教学要求

掌握系统安装的基本要求；熟悉系统调试开通的基本程序；了解系统使用维护的基本知识。

四、实践环节

（一）实验

1．火灾探测器的检测验收；

2．火灾探测器的安装；

3．模块的安装；

4．消防系统的调试。

（二）参观

1．商场火灾自动报警系统；

2．综合楼自动灭火控制系统。

五、学时分配

本课程共60学时，其中理论教学46学时，参观4学时，实验8学时，机动2学时，具体课时分配见下表。

学 时 分 配 表

序　　号	教 学 内 容	总 学 时	授　　课	实验、参观
（一）	绪论	2	2	
（二）	火灾自动报警系统	16	10	4

序　号	教　学　内　容	总学时	授　课	实验、参观
（三）	自动灭火控制系统	10	10	2
（四）	防火与减灾系统	14	10	2
（五）	建筑消防系统的设计	8	8	
（六）	消防系统的安装调试与使用维护	8	6	4
（七）	机动	2	2	
	合　　计	60	48	12

六、教学大纲说明

1. 本大纲适用于高职高专建筑电气工程技术专业及相关专业的专业课教学；

2. 本大纲在教学中应侧重对学生实际动手能力的培养，提高学生解决实际问题的能力。

附注　执笔人：冯光灿　张铁东

8 楼宇智能化技术

一、课程的性质与任务

《楼宇智能化技术》是建筑电气工程技术专业的一门主干专业课程。其任务是通过对建筑空调、给排水、电梯供配电、消防、安防等系统及智能化控制与管理的学习，使学生掌握楼宇设备与自动化系统的组成、工作原理，掌握楼宇设备智能化系统的监控功能，熟悉楼宇智能化系统的施工管理，熟悉楼宇智能化设备及其管理。

二、课程的基本要求

通过本课程的学习，使学生在理论、技能方面达到如下要求：

（一）理论要求

1. 熟悉建筑设备及自动化的概念及系统组成；

2. 熟悉建筑空调系统工作原理及其自动控制功能；

3. 熟悉建筑给排水系统工作原理及其自动控制功能；

4. 掌握建筑供配电及照明监控系统的工作原理及控制功能；

5. 了解电梯及其监控系统工作原理；

6. 掌握建筑消防监控系统工作原理及控制功能；

7. 熟悉建筑安防系统工作原理及控制功能。

（二）技能要求

1. 熟悉空调、给排水监控系统操作及管理功能，基本具备运行管理的能力；

2. 熟悉供配电、照明、电梯监控系统操作及管理功能，基本具备运行维护管理的能力；

3. 熟悉消防监控系统操作及管理功能，基本具备运行维护管理的能力；

4. 熟悉安防监控系统操作，基本具备运行管理的能力。

三、课程内容及教学要求

（一）绪论

简介课程的性质、任务，主要内容、学习方法和要求；论述智能建筑的概念、智能建筑的特征及功能、国内外智能建筑的动态与发展趋势。

（二）楼宇智能化的关键技术

1. 主要内容

计算机控制技术；现代通信技术；计算机网络技术；典型 BA 系统设备；楼宇智能化系统集成技术。

2. 教学要求

了解楼宇智能化技术相关理论基础知识。根据前后续课程的安排，重点是计算机控制技术基础知识的理解。

（三）智能楼宇设备自动化系统

1. 主要内容

楼宇设备自动化系统的组成及功能；暖通空调系统及其监控；给排水系统及其监控；供配电系统及其监控；照明系统及其监控；电梯系统及其监控；典型楼宇设备控制系统实例。

2. 教学要求

本单元是该课程的重点内容。重点掌握智能楼宇设备自动化系统中暖通空调、建筑给水排水、建筑供配电、照明、电梯等智能楼宇设备的组成、工作原理以及监控功能，了解楼宇设备自动化系统集成。

（四）消防与安全防范系统

1. 主要内容

智能建筑对消防系统的要求；火灾自动报警与消防联动系统；消防控制中心智能设备；安防系统对智能物业的重要性；门禁系统；防盗报警系统；闭路电视监控系统；安防控制中心智能。

2. 教学要求

本单元要求重点掌握智能建筑对消防系统的要求以及消防系统的组成、工作状况分析；了解安全防范系统在智能建筑中的应用情况；熟悉安全防范系统的组成、工作原理及工作过程分析方法。

（五）智能建筑通信网络系统

1. 主要内容

智能建筑通信系统的组成；智能建筑通信系统的功能；计算机网络系统；多媒体系统。

2. 教学要求

本单元要求熟悉智能建筑通信系统的组成，了解几种典型通信系统的基本组成及功能。

（六）智能建筑办公自动化系统

1. 主要内容

办公自动化系统的组成及功能；办公自动化系统中的硬件设备；办公自动化系统中的信息处理；办公自动化系统设计实例。

2. 教学要求

了解办公自动化系统的功能，熟悉办公自动化使用的硬件设备，熟悉办公自动化常用的信息处理软件。

（七）住宅小区智能化系统

1. 主要内容

住宅小区智能化概述；家庭智能化系统；住宅小区智能化系统；电子化信息服务系统；小区物业管理信息系统；智能住宅小区典型工程实例。

2. 教学要求

了解住宅小区智能化的概念；熟悉智能小区内智能化系统的组成以及小区的智能化功能；了解典型工程实例。

（八）楼宇智能化系统工程实施

1. 主要内容

智能化工程施工过程管理；施工阶段的管理；系统调试开通及验收阶段的管理；智能化工程施工管理措施。

2. 教学要求

了解智能化工程施工管理过程以及施工管理措施。

（九）楼宇智能化管理

1. 主要内容

智能化管理在楼宇管理中的目的及重要性；楼宇智能化管理内容；智能楼宇中央控制室职能。

2. 教学要求

了解楼宇智能化设备管理的内容，包括设备日常管理、运行管理、常见故障、智能化设备维护保养、设备管理措施、机构管理措施等等。

四、实践环节

本课程拟安排 8 学时的时间参观以下内容：

1. 典型的智能楼宇设备自动化系统，包括暖通空调、给排水、供配电、照明、电梯、消防、安防等系统，参观中央控制室，了解控制功能；

2. 典型楼宇通信设备系统，包括综合布线、网络等系统；

3. 典型智能小区参观。

五、学时分配

本课程共计 60 学时，其中理论教学 50 学时，参观 8 学时，机动 2 学时。

学 时 分 配 表

序　号	教 学 内 容	总 学 时	授　课	参　观
（一）	绪论	2	2	
（二）	楼宇智能化的关键技术	8	8	
（三）	智能楼宇设备自动化系统	8	6	2
（四）	消防与安全防范系统	8	6	2
（五）	智能建筑通信网络系统	6	4	2
（六）	智能建筑办公自动化系统	6	6	
（七）	住宅小区智能化系统	8	6	2
（八）	楼宇智能化系统工程实施	6	6	
（九）	楼宇智能化管理	6	6	
（十）	机动	2		
	合　　计	60	50	8

六、大纲说明

1. 本大纲适用于建筑电气工程技术专业以及相近专业教学使用；

2. 本课程是一门实践性很强的专业课，在课堂教学中应结合使用现场录像、多媒体课件等，在课堂教学外还应利用实物及参观等手段，结合实际工程进行教学，可起到事半功倍的效果。

附注　执笔人：沈瑞珠

9 建筑电气施工技术

一、课程的性质与任务

本课程是建筑电气工程技术的一门主干专业课程。本课程的主要任务是通过理论和实践教学使学生具备从事建筑电气安装及常用电气设备调试所必需的电气技术基本知识和基本技能，并且具有运用电气技术基本知识和基本技能解决生产实际问题的能力。

二、课程的基本要求

（一）理论要求

1. 了解电气安装工程对土建、水暖等工程的配合与要求；
2. 理解国家现行的有关电气规范及标准、电气安装技术规程和安全用电操作规程；
3. 熟悉电气安装工程的竣工验收及质量评定内容和要求；
4. 掌握电气安装工程的施工工序及技术要求。

（二）技能要求

1. 电工常用工具的使用；
2. 导线的检查及连接、多股导线的连接；
3. 电气照明装置的安装；
4. 室内配线的安装；
5. 动力配电线路及动力设备的安装；
6. 变配电设备的安装及初步调试；
7. 防雷与接地装置的安装。

三、课程内容及教学要求

（一）绪论

1. 主要内容

《建筑电气施工技术》课程的基本内容、任务和学习要求。

2. 教学要求

了解《建筑电气施工技术》课程在本专业及相近专业中的作用；了解建筑电气的范畴和作用以及发展趋势；熟悉电气安装工程的施工内容。

（二）室内配线工程

1. 主要内容

室内配线工程施工工序及基本要求；导线类别；预埋件的施工；塑料护套线配线；电线管敷设；钢索配线；桥架配线；封闭式母线布线；导线的连接与封端；室内配线工程工序交接及竣工验收。

2. 教学要求

了解常用导线的规格型号及用途；熟悉室内配线工程施工工序及基本要求；掌握室内配线的安装要求及验收标准。

（三）电气照明装置安装

1. 主要内容

电气照明基本线路；常用灯具及其安装；照明配电箱安装；开关、插座及吊扇的安装。

2. 教学要求

了解电气照明基本线路的组成；熟悉照明配电箱的安装要求；掌握电气照明装置的安装程序。

（四）动力工程

1. 主要内容

吊车滑触线的安装；动力配电箱的安装；电动机的安装；交流电动机启动控制设备安装。

2. 教学要求

了解吊车滑触线的安装要求；熟悉电动机及启动控制设备的安装程序；掌握动力配电箱的安装程序。

（五）架空配电线路施工

1. 主要内容

架空配电线路的结构；架空配电线路的施工；架空接户线的安装；进户线的安装；工程竣工验收。

2. 教学要求

了解架空配电线路的结构；熟悉架空配电线路的施工及工程竣工验收；掌握架空接户线和进户线的安装程序。

（六）电缆线路施工

1. 主要内容

电缆的一般知识；电力电缆的敷设；电力电缆的连接；控制电缆的连接；电缆交接试验及竣工验收。

2. 教学要求

了解电缆的一般知识；熟悉控制电缆的连接要求；掌握电力电缆的敷设及工程验收。

（七）变配电设备安装和调试

1. 主要内容

变压器安装；变压器试验；断路器的安装；隔离开关和负荷开关的安装；母线装置的安装；成套配电柜的安装；互感器的安装及试验；并联电容器安装试验；二次接线安装与检验；常用保护继电器的检验；变配电系统调试。

2. 教学要求

了解变配电设备的安装要求；熟悉变配电系统的调试步骤；掌握成套配电柜的安装程序。

（八）防雷与接地装置安装

1. 主要内容

防雷装置的安装；接地装置的安装；接地装置的检验和接地电阻的测量；建筑物等电位。

2. 教学要求

了解防雷及接地装置的组成和作用；熟悉接地装置的检验及建筑物等电位的应用；掌握接地装置的安装和接地电阻的测量。

四、实践环节

（一）技能训练

1. 塑料绝缘护套线敷设；

2. 绝缘子配线安装；

3. 荧光灯的安装；

4. 线管配线；

5. 配电箱的安装；

6. 接地电阻的测量。

（二）参观

1. 中小型变配电所；

2. 室内配线；

3. 变配电设备及动力设备安装。

五、学时分配

本课程共75学时，其中理论教学55学时，参观18学时，机动2学时，具体课时分配见下表。

学 时 分 配 表

序 号	教 学 内 容	总学时	授 课	参 观
（一）	绪论	2	2	
（二）	室内配线工程	10	8	2
（三）	电气照明装置安装	12	10	2
（四）	动力工程	12	8	4
（五）	架空配电线路施工	10	6	4
（六）	电缆线路施工	9	7	2
（七）	变配电设备安装和调试	10	8	2
（八）	防雷与接地装置安装	8	6	2
（九）	机动	2	2	
	合　计	75	55	20

六、教学大纲说明

1. 本大纲适用于高职高专建筑电气工程技术专业及相近专业的专业课程教学；
2. 教学过程中应注重学生实践技能的培养，利用多媒体教学系统配合教学。

附注　执笔人：刘　玲

10 建筑电气工程预算

一、课程的性质与任务

本课程是建筑电气工程技术专业的一门主干专业课。本课程的主要任务是通过教学使学生了解工程定额与工程预算的基本概念，掌握现行电气安装工程定额的主要项目及使用方法，掌握用定额计价方法及工程量清单计价方法编制电气工程施工图预算的基本原理、基本步骤。通过学习，学生应能熟练使用现行预算软件及现行定额编制一般电气安装工程的施工图预算。

二、课程的基本要求

（一）理论要求

1. 了解工程定额的基本概念、作用、种类与特点；掌握现行安装工程定额的主要内容及使用方法；

2. 了解电气安装工程预算的基本概念、作用和主要内容；掌握使用定额计价及工程量清单计价编制预算的方法；掌握预算文件的组成、工程造价的组成及计费程序；

3. 掌握电气（强电、弱电）安装工程项目的划分、工程量计算规则和计算方法；

4. 熟练使用安装工程预算软件编制中小型电气安装工程的施工图预算书刊号。

（二）技能要求

1. 具有正确使用和查阅定额的能力；

2. 具有正确划分工程项目的能力；

3. 具有应用预算软件编制电气施工图预算的能力；

4. 具有合理取费和进行工程结算的能力。

三、课程内容及教学要求

（一）绪论

1. 主要内容

简介课程的性质、主要内容和学习方法。

2. 教学要求

了解《建筑电气工程预算》课程在本专业及相关专业中的作用；了解建筑电气安装工程预算的主要内容。

（二）概预算基础知识

1. 主要内容

基本建设各阶段的任务；工程预算的作用；建筑电气安装工程类别及项目的划分。

2. 教学要求

了解工程预算的基本知识；掌握工程项目的划分。

（三）建筑电气安装工程定额

1．主要内容

预算定额的性质和作用；全国统一安装工程预算定额的特点及使用；当地安装工程预算定额的特点及使用；施工定额的特点及使用；电气安装工程预算造价的组成；电气安装工程费用计算程序。

2．教学要求

了解工程定额的基本知识；掌握工程定额的使用方法。

（四）电气安装工程设备、材料预算价格

1．主要内容

常用的电气设备、材料；电气设备、材料预算价格；价差调整及处理方法。

2．教学要求

了解电气设备、材料预算价格的确定方法；掌握设备、材料预算价格的价差调整。

（五）施工图预算的编制

1．主要内容

施工图预算的编制依据；用工程量清单计价方法编制施工图预算的方法步骤；用定额计价方法编制施工图预算的方法步骤；室内照明安装工程施工图预算编制实例；动力安装工程施工图预算编制实例；消防安装工程施工图预算编制实例。

2．教学要求

熟练掌握施工图预算的编制依据及编制方法；编制建筑照明工程、动力工程、消防工程及其他弱电工程的施工图预算。

（六）施工预算的编制

1．主要内容

施工预算的内容、编制依据；施工预算的编制步骤和方法；施工预算与施工图预算的异同。

2．教学要求

掌握施工预算的内容、编制依据；掌握编制步骤和方法。

（七）竣工结算的编制

1．主要内容

竣工结算的编制依据、编制原则；竣工结算的方式；竣工结算的编制步骤和方法。

2．教学要求

了解竣工结算的编制依据、编制原则；掌握竣工结算的方法。

（八）施工图预(结)算的审核

1．主要内容

工程预(结)算的审核原则；工程预(结)算的审核程序和方法。

2．教学要求

掌握施工图预(结)算的审核原则；掌握施工图预(结)算的审核程序。

（九）施工图预(结)算的电算化

1．主要内容

预(结)算电算化概述;电气施工图预(结)算软件的使用;施工图预(结)算电算化实例。

2. 教学要求

熟悉电气施工图预(结)算软件的操作使用;掌握运用软件编制工程预(结)算的方法和步骤。

(十)课内实践性教学

有条件时,请当地工程造价中心的有关人员分析电气工程预(结)算的实例。

四、实践环节

1. 本课程另安排一周时间让学生采用预算软件编制一份电气安装工程预算;

2. 本课程安排10学时的时间采用多媒体教学演示形式讲解使用安装工程预算软件编制预算的方法步骤。

五、学时分配

本课程共60学时,其中理论教学45学时(含2学时机动),课内实践教学10学时,课内讲座5学时。

序 号	教 学 内 容	总学时	授 课	实 践
(一)	绪论	1	1	
(二)	概预算基础知识	4	4	
(三)	建筑电气安装工程定额	6	6	
(四)	电气安装工程设备、材料预算价格	4	4	
(五)	施工图预算的编制	14	14	
(六)	施工预算的编制	8	8	
(七)	竣工结算的编制	4	4	
(八)	施工图预(结)算的审核	2	2	
(九)	施工图预(结)算电算化	10		10
(十)	课内实践性教学	5		5
(十一)	机动	2	2	
	合　计	60	45	15

六、教学大纲说明

1. 本大纲适用于高职高专建筑电气工程技术专业及相近专业的专业课程教学;

2. 本大纲在实施过程中,工程量的统计规则应以强电工程为主进行讲授。

附注　执笔人:张毅敏　韩俊玲

11 建筑电气施工组织与管理

一、课程的性质与任务

本课程是电气安装工程技术专业的主干专业课程。其任务是使学生掌握电气安装工程流水施工的原理和网络计划技术，具有编制施工组织总设计与单位工程施工组织设计的能力，同时培养学生分析问题、解决问题的实践能力以及严谨、求实的工作作风，为今后从事电气安装施工打下良好的基础。

二、课程的基本要求

（一）理论要求

通过本课程的学习，应使学生达到以下基本要求：

1. 了解工程招投标意义、方式、条件、程序以及投标报价的策略；

2. 了解工程合同内容、签属条件以及合同管理、履行、变更等内容；

3. 掌握施工企业的各项管理工作；

4. 掌握流水施工的原理、参数的计算及组织方式和步骤；

5. 掌握网络计划技术，能够绘制网络图及时间参数的计算；

6. 掌握单位工程施工组织编制方法。

（二）技能实践方面

1. 通过对流水施工的学习，掌握流水施工计划的编制；

2. 掌握网络图计划的编制；

3. 通过对施工组织设计的学习，能够编制单位工程施工组织设计。

三、课程内容及教学要求

（一）电气安装知识

1. 主要内容

安装工程施工组织与管理；基本建设程序。

2. 教学要求

本单元要求学生了解施工组织与管理的内容；掌握基本建设项目的划分。

（二）工程招投标与工程合同

1. 主要内容

工程招标与投标；建设工程施工合同。

2. 教学要求

本单元要求学生了解招投标意义；掌握招投标条件、程序及投标报价策略；了解建设工程合同类型、内容及签属条件和合同管理等内容。

（三）施工企业管理

1．主要内容

施工管理；施工计划管理；施工技术管理；质量管理；安全管理；施工项目管理与建设监理。

2．教学要求

本单元要求学生掌握各种管理性质、内容、依据，充分认识到做好施工过程中各项管理工作的重要性，同时了解建设监理制度的重要意义，掌握我国建设监理制度。

（四）施工组织

1．主要内容

流水施工基本特征；流水施工的基本参数；流水施工组织及计算。

2．教学要求

本单元要求学生了解依次施工和平行施工的方法，掌握流水施工的原理、参数的计算及组织方式和组织步骤。

（五）网络计划技术

1．主要内容

概述；网络图的绘制；双代号网络计划时间参数的计算；单代号网络计划时间参数的计算；双代号时标网络计划；搭接网络计划。

2．教学要求

本单元要求学生掌握网络计划技术的绘制，网络计划时间参数的计算；了解时标网络计划绘制及特点；掌握搭接网络计划工作原理。

（六）施工组织设计

1．主要内容

设备安装工程施工组织总设计；单位工程施工组织设计编制程序及内容。

2．教学要求

本单元要求学生了解施工组织总设计作用依据、程序及所含内容；掌握单位工程施工组织设计编制方法。

四、实践环节

1．本课程另安排一周时间让学生练习设备安装工程施工组织总设计；

2．本课程安排 10 学时的时间让学生练习单位工程施工组织设计的编制程序及内容。

五、学时分配

本课程共 60 学时，理论教学 45 学时，实践教学 13 学时，机动 2 学时，学时具体分配如下：

序　号	教 学 内 容	总 学 时	理　　论	实　　践
（一）	电气安装工程	2	2	
（二）	工程招投标与工程合同	6	6	
（三）	施工企业管理	8	8	

序　号	教　学　内　容	总学时	理　　论	实　　践
（四）	流水施工组织	10	10	
（五）	网络计划技术	13	13	
（六）	施工组织设计	6	6	
（七）	流水施工计划编制实例	4		4
（八）	网络计划编制实例	4		4
（九）	施工组织设计实例	5		5
（十）	机动	2	2	
合　　计		60	47	13

六、教学大纲说明

1. 教学中应注意与工程实践的结合，对理论知识应重点突出、难点明确；

2. 在实践方面应尽量采用工程实例，采用多媒体现代化教学手段，提高学生学习的积极性。

附注　执笔人：裴　涛　刘春泽

12 综合布线与网络工程

一、课程的性质与任务

本课程是建筑电气工程技术专业的一门主干专业课程。本课程的主要任务是培养学生规范的综合布线初步设计及施工过程中组织指导的能力。

二、课程的基本要求

通过本课程的学习，使学生在理论、技能方面达到如下要求：

（一）理论要求

1. 掌握标准化的综合布线方法和技术；

2. 了解综合布线在建筑电气工程中的重要作用；

3. 了解和掌握网络工程常用技术；

4. 了解网络通信原理；

5. 了解网络组成；

6. 了解综合布线常用的标准。

（二）技能要求

1. 能够设计规划和指导综合布线施工作业；

2. 掌握综合布线性能测试方法以及解决一般故障的能力；

3. 掌握综合布线施工中常用的材料和工具。

三、课程内容及教学要求

（一）综合布线概述

1. 主要内容

综合布线的发展过程；综合布线的特点；综合布线标准；综合布线产品；综合布线适用范围及发展前景；智能住宅综合布线。

2. 教学要求

了解综合布线的发展历史及发展前景；了解综合布线常用的产品规格和特点；了解综合布线有关标准。

（二）信息通信技术概论

1. 主要内容

（1）通讯基础

基本概念、通信方式、通信交换技术、信号的基带传输与多路复用技术、数据编码、通信网络的拓扑结构；

（2）计算机通信

计算机网络分类、计算机网络的拓扑结构、常见的几种局域网；

（3）网络体系结构和网络协议

组成计算机网络的两级结构、计算机网络体系结构、ISO/OSI 网络体系结构、几种常见的网络协议；

（4）宽带网技术

综合业务数字网（ISDN）、高比特率数字用户（HDSL）、不对称数字用户线（ADSL）、光纤接入网（OAN）；

（5）数据通讯传输技术指标

相关概念、速率、误码率。

2. 教学要求

掌握信息通信技术的基本概念；了解计算机网络体系的构成及网络协议方面知识；了解宽带网技术的基本知识。

（三）通信网络与网络工程

1. 主要内容

（1）计算机网络技术

计算机网络的分类、计算机网络的硬件组成、局域网举例；

（2）无线局域网

IEEE802.11 协议体系结构、无线网络的组成、无线局域网互联结构；

（3）工业控制网

工业控制网的技术特点、现场总线技术、LonWorks 智能楼宇自动化系统的设计和实施；

（4）有线电视

有线电视的概念、有线电视系统的基本组成、有线电视系统的主要部件及设备。

（5）视频监控系统

视频监控系统的组成及其原理、系统主要设备、视频监控系统的控制；

（6）电话通讯系统

电话交换、电话网的组成、用户交换机与公共电话网的连接、数字程控交换机、电话通信线路。

2. 教学要求

了解计算机通信网络的分类及组成；了解工业控制网的组成及技术特点；熟悉有线电视及视频监控系统的组成及工作原理；熟悉电话通讯系统的组成及工作原理。

（四）综合布线工程设计

1. 主要内容

（1）综合布线工程概述

基本概念、综合布线工程设计要求；

（2）综合布线系统基本构成及要求

综合布线系统的基本构成、工作区子系统的设计、水平子系统的设计、干线子系统的设计、设备间子系统的设计、管理间子系统的设计、建筑群干线子系统、电气保护。

2. 教学要求

熟悉综合布线的基本概念及工程设计要求；了解综合布线系统的组成及初步设计方法。

（五）综合布线施工技术

1．主要内容

（1）综合布线施工基础

施工前期准备、金属线槽敷设、PVC塑料管的敷设、塑料槽的敷设、布线施工常用工具、布线备件、综合布线常用的线缆；

（2）电缆布线施工技术

线缆的牵引准备、牵引"4对"线缆、建筑物主干线电缆施工、建筑群间电缆布线施工、建筑物内水平布线施工、电缆连接施工、信息插座端接；

（3）光缆传输通道施工技术

光缆传输通道施工基础知识、光缆布线施工、光纤连接施工技术；

（4）电缆传输通道的测试

电缆传输通道测试概述、电缆传输链路的验证测试、电缆传输通道的认证测试、光纤传输通道测试、光纤测试仪的组成和使用、用938系列光纤测试仪来进行光纤路径测试的步骤。

2．教学要求

掌握综合布线施工的基础知识；熟悉电缆施工工序及工艺；熟悉光缆施工工序及工艺；掌握电缆传输通道的测试方法。

（六）综合布线设计应用举例

1．主要内容

（1）住宅小区综合布线系统

多层住宅综合布线系统、高层住宅综合布线系统；

（2）家居综合布线系统

家居布线等级、分界点、辅助分离信息插座、辅助分离线缆、家居布线系统的配线箱DD、家居布线系统的设计；

（3）综合布线设计应用实例

某金融大厦综合布线系统设计、某商业大楼结构化综合布线系统设计、某教学大楼综合布线系统设计、某住宅的家居综合布线系统设计。

2．教学要求

了解住宅小区综合布线系统的组成；熟悉家居综合布线系统组成，了解简单系统的设计方法；熟悉综合布线简单工程的初步设计。

四、实践环节

（一）实验及参观典型工程

1．电缆布线综合练习；

2．电缆传输性能测试；

3．参观典型工程。

（二）课程设计

在授课以外，安排一周的综合布线课程设计。

五、学时分配

本课程共 60 学时间，其中理论教学 43 学时，实践教学 15 学时，机动 2 学时。

学 时 分 配 表

序　号	教 学 内 容	总 学 时	授　课	实验参观
（一）	综合布线概述	4	4	
（二）	信息通信技术概述	6	6	
（三）	通信网络与网络工程	10	8	2
（四）	综合布线工程设计	6	6	
（五）	综合布线施工技术	8	6	2
（六）	综合布线设计应用实例	6	4	2
（七）	电缆布线综合练习	4	1	3
（八）	电缆传输性能测试	4	2	2
（九）	综合布线课程设计	10	6	4
（十）	机动	2		
	合　　计	60	43	15

六、教学大纲说明

1. 本大纲适用于建筑电气工程技术专业以及相近专业教学使用；

2. 本课程讲授时建议使用多媒体教学，并以实物教学为主要手段；

3. 有关光纤测量部分的内容，可视教学条件进行调整。

附注　执笔人：张毅敏

13　建筑供配电与照明

一、课程的性质与任务

本课程是建筑电气工程技术专业的一门专业课。通过本课程的学习，使学生掌握建筑电气工程技术人员必备的供配电与照明的基础理论以及进行初步的建筑供配电与照明的设计、识图、施工所应具备的基本知识和技能，为从事建筑电气工程技术工作打下一定的基础。

二、课程的基本要求

（一）理论要求

1. 了解电力系统的组成；
2. 了解建筑供配电系统的组成；
3. 掌握负荷计算的方法和短路电流计算的方法；
4. 掌握变配电所的结构和布置；
5. 掌握建筑物、电气设备的防雷措施；
6. 掌握照度计算的方法；
7. 了解常见光源和照明器的种类；
8. 掌握建筑照明的设计原则和设计方法。

（二）技能要求

1. 建筑供配电系统的设计；
2. 光照设计；
3. 照明的供电设计。

三、教学内容及教学要求

（一）绪论

1. 主要内容

电力系统和供配电系统的概述；系统的额定电压；《建筑供配电与照明》课程的基本内容、任务和学习要求。

2. 教学要求

了解电力系统的组成和组成电力系统的意义；了解电力负荷的分级及对供电电源的要求；了解电力系统的额定电压等级，掌握系统额定电压的确定。

（二）负荷计算

1. 主要内容

电力负荷和负荷曲线的有关概念；负荷计算的方法；功率因数与无功功率补偿；尖峰

电流及其计算。

2. 教学要求

了解有关负荷计算的概念及负荷计算的目的，掌握负荷计算的需要系数法、二项式系数法和工程估算法；了解功率因数提高的意义并掌握无功补偿的方法；了解尖峰电流的概念及计算方法。

（三）短路电流计算

1. 主要内容

短路发生的原因、种类、危害；无限大容量系统发生短路的物理过程；短路电流的计算；短路电流的效应。

2. 教学要求

了解短路及短路电流的有关概念；了解短路的成因、后果、类型及物理过程；掌握短路电流计算的欧姆法和标幺值法；了解短路电流的热效应及电动效应。

（四）高、低压电气设备及其选择

1. 主要内容

电气设备中的电弧问题；熔断器及其选择；高低压电器及其选择；互感器及其选择；变压器及其选择。

2. 教学要求

了解电弧对开关电器的影响及灭弧的方法；掌握熔断器、高低压电器的结构、功能、常见型号及其选择；了解互感器的分类、工作原理及应用；掌握变压器的工作原理及其选择；了解变压器的常见连接组别。

（五）供电系统的结线和结构

1. 主要内容

变配电所的主结线；变配电所的结构与布置；电力线路的结线方式；电力线路的结构与敷设；线路的选择；变电所的运行与维护。

2. 教学要求

掌握变配电所的主结线形式；掌握变电所的基本结构和布置原则；了解高低压线路的结线方式；掌握架空线、电缆、车间电力线路的敷设方式和要求；掌握线路选择的步骤与方法；了解变电所运行和维护的基本知识。

（六）中、低压供配电系统保护

1. 主要内容

保护的作用、基本原理及要求；中压系统常用保护元件及接线；线路的保护；变压器的保护；电动机的保护；微机保护。

2. 教学要求

了解中、低压系统保护的作用、基本原理及要求；掌握线路、变压器、电动机的保护形式；了解微机保护的基本组成、特点；掌握提高微机保护可靠性的措施。

（七）防雷与接地

1. 主要内容

过电压与防雷；电气设备的接地；电气安全。

2. 教学要求

了解过电压的形式；掌握建筑物、电气设备的防雷措施；掌握电气设备接地的目的、形式及应用；掌握接地电阻的计算方法和测量；了解等电位连接（MBE、SBE、LBE）的原理和具体作法；了解电气安全的基本常识。

（八）光学的基本知识

1. 主要内容

光的性质和可见光；光的基本度量单位。

2. 教学要求

了解光学与视觉的关系；掌握光通量、发光强度、照度、亮度的概念及其之间的关系。

（九）电光源和照明器

1. 主要内容

电光源；照明器。

2. 教学要求

了解常见电光源的分类及性能指标；掌握常见照明器的种类及性能指标。

（十）建筑照明

1. 主要内容

照度标准及照度计算；室内照明的特点及照明装置的选择；照明供电系统；建筑物立面照明；街景照明。

2. 教学要求

掌握照度计算的利用系数法、比功率法；了解各类建筑室内光照设计的特点及光源、照明器的选择，理解照明供电的特点；了解照明供电系统的控制、线路及平面图；掌握建筑物立面照明和街景照明设计的一般原则；了解建筑物立面照明和街景照明设计的方法。

四、实践环节

参观：

1. 供电系统与变电所的结构；

2. 高、低压电器设备；

3. 灯具与照明系统的结构与施工。

五、学时分配

本课程共 95 学时，其中理论教学 77 学时，参观 16 学时，机动 2 学时。

学 时 分 配 表

序　　号	教　学　内　容	总学时	授　课	参　观
（一）	绪论	4	4	
（二）	负荷计算	8	8	
（三）	短路电流的计算	10	10	
（四）	高、低压电器设备及其选择	16	12	4
（五）	供电系统的结线和结构	14	10	4
（六）	中、低压供配电系统保护	10	8	2

序 号	教 学 内 容	总学时	授 课	参 观
（七）	防雷与接地	8	8	
（八）	光学的基本知识	4	4	
（九）	电光源与照明器	6	4	2
（十）	建筑照明	13	9	4
（十一）	机动	2	2	
	合 计	95	79	16

六、教学大纲说明

1. 本大纲适用于高职高专建筑电气工程技术专业及相近专业的专业课程教学；

2. 教学建议：本课程以讲授为主，同时结合工程实际，加强实践性教学，以培养学生的实际动手能力。

附注 执笔人：李录锋 张之光

全国高职高专土建类指导性专业目录

56 土建大类

5601　建筑设计类
560101　建筑设计技术
560102　建筑装饰工程技术
560103　中国古建筑工程技术
560104　室内设计技术
560105　环境艺术设计
560106　园林工程技术

5602　城镇规划与管理类
560201　城镇规划
560202　城市管理与监察

5603　土建施工类
560301　建筑工程技术
560302　地下工程与隧道工程技术
560303　基础工程技术

5604　建筑设备类
560401　建筑设备工程技术
560402　供热通风与空调工程技术
560403　建筑电气工程技术
560404　楼宇智能化工程技术

5605　工程管理类
560501　建筑工程管理
560502　工程造价
560503　建筑经济管理
560504　工程监理

5606	市政工程类
560601	市政工程技术
560602	城市燃气工程技术
560603	给排水工程技术
560604	水工业技术
560605	消防工程技术

5607	房地产类
560701	房地产经营与估价
560702	物业管理
560703	物业设施管理

全国高职高专教育土建类专业教学指导
委员会规划推荐教材（建工版）

序　号	书　　名	作　者	备　注
1	电子技术	刘春泽	待出版
2	建筑弱电技术	刘复欣	待出版
3	建筑电气控制技术	胡晓元	待出版
4	可编程控制器及应用	尹秀妍	待出版
5	电气消防技术	孙景芝	待出版
6	楼宇智能化技术	沈瑞珠	2004 年 02 月
7	建筑电气施工技术	韩永学	2004 年 02 月
8	建筑电气工程预算	郑发泰	待出版
9	建筑电气施工组织管理	刘春泽	2004 年 02 月
10	综合布线与网络工程	黄河	2004 年 03 月
11	建筑供电与照明	刘复欣	2004 年 03 月